BEI GRIN MACHT SICH IHR WISSEN BEZAHLT

- Wir veröffentlichen Ihre Hausarbeit, Bachelor- und Masterarbeit

- Ihr eigenes eBook und Buch - weltweit in allen wichtigen Shops

- Verdienen Sie an jedem Verkauf

Jetzt bei www.GRIN.com hochladen und kostenlos publizieren

Bibliografische Information der Deutschen Nationalbibliothek:

Die Deutsche Bibliothek verzeichnet diese Publikation in der Deutschen National-bibliografie; detaillierte bibliografische Daten sind im Internet über http://dnb.d-nb.de/ abrufbar.

Impressum:

Copyright © 2013 GRIN Verlag, Open Publishing GmbH
Druck und Bindung: Books on Demand GmbH, Norderstedt Germany
ISBN: 978-3-656-72328-8

Dieses Buch bei GRIN:

http://www.grin.com/de/e-book/278381/biochemie-ii-klausur-mit-musterloesungen

Lise Meitner

Biochemie II Klausur mit Musterlösungen

GRIN Verlag

GRIN - Your knowledge has value

Der GRIN Verlag publiziert seit 1998 wissenschaftliche Arbeiten von Studenten, Hochschullehrern und anderen Akademikern als eBook und gedrucktes Buch. Die Verlagswebsite www.grin.com ist die ideale Plattform zur Veröffentlichung von Hausarbeiten, Abschlussarbeiten, wissenschaftlichen Aufsätzen, Dissertationen und Fachbüchern.

Besuchen Sie uns im Internet:

http://www.grin.com/

http://www.facebook.com/grincom

http://www.twitter.com/grin_com

Abschlussklausur zur Vorlesung Biochemie II WS 2012/13

Name: **Matrikelnummer:**

Studienfach: **Fachsemester:**

Hinweise:

1. Bitte tragen Sie Ihren Namen, Matrikelnummer, Studienfach und Semesterzahl ein. Bitte schreiben Sie unbedingt *leserlich, in Großbuchstaben* und mit Kugelschreiber!

2. Die Klausur besteht aus einem Teil I (12 Essay-Fragen; maximal vier Punkte pro Antwort) und einem Teil II (12 Multiple-Choice-Fragen; je zwei Punkte pro richtige Antwort). Ihnen stehen insgesamt *90 min. Zeit* zu Verfügung.

3. Es sind keine Hilfsmittel erlaubt. Täuschungsversuche führen zur vorzeitigen Abgabe der Klausur.

4. Bitte benutzen Sie den dafür vorgesehenen Abschnitt für Ihre Antworten. Sie können ggf. auch die Rückseite des Fragebogens benutzen. Zusätzliche Blätter bitte nur im Notfall verwenden.

5. Multiple-Choice-Teil sind nicht korrektur-relevant. Der Zeitbedarf pro Multiple-Choice-Frage liegt bei etwa 2 min.

Viel Glück!

Teil I: Essay-Fragen (maximal vier Punkte pro Antwort):

1. Stellen Sie die Umgehungsreaktionen (mit Strukturformeln!) dar, durch welche die Gluconeogenese von der Glykolyse getrennt verläuft. Nennen Sie die prosthetische Gruppe, die bei der Initiierung der Gluconeogenese eine Rolle spielt. *(4 P)*

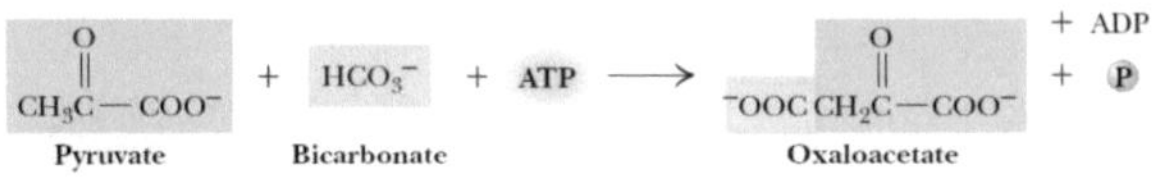

1.

FIGURE 23.2 • The pyruvate carboxylase reaction.

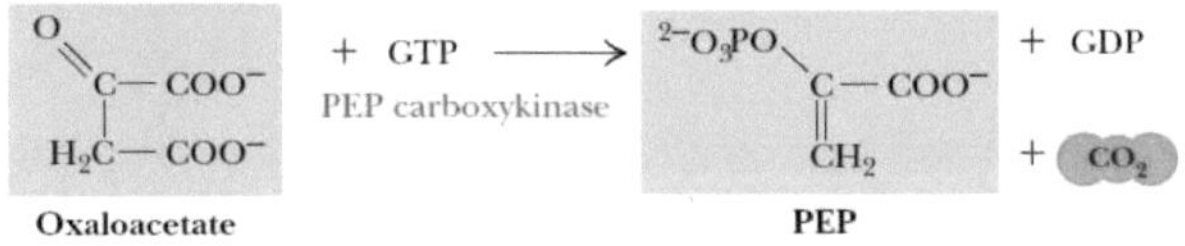

2.

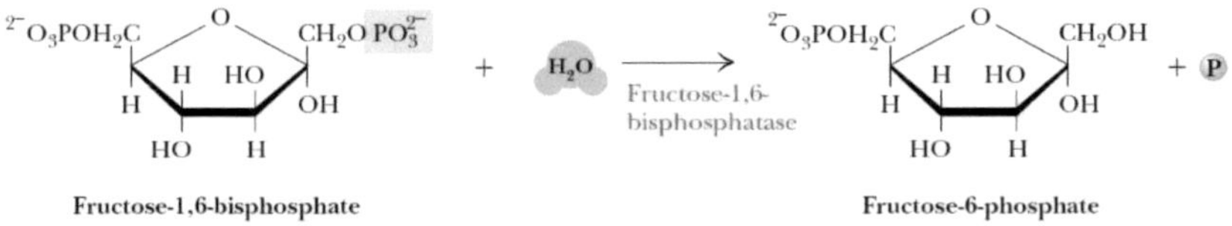

3.

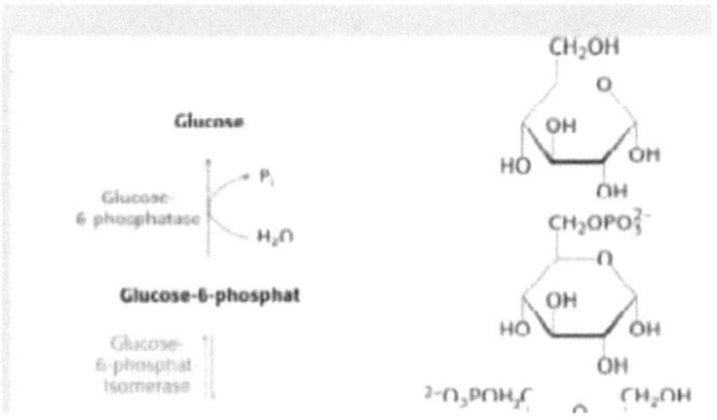

- *3 Umgehungsreaktionen (je 1 P)*
- *Pyruvat-Carboxlyase benötigt Biotin als prosthetische Gruppe (fungiert als Überträger der CO₂-Gruppe vom Bicarbonat) (1 P)*

2

2. Welche Reaktion wird durch das Enzym Pyruvat-Dehydrogenase katalysiert (keine Strukturformeln!)? Nennen und beschreiben Sie drei Mechanismen, die zu seiner Regulation beitragen. *(4 P)*

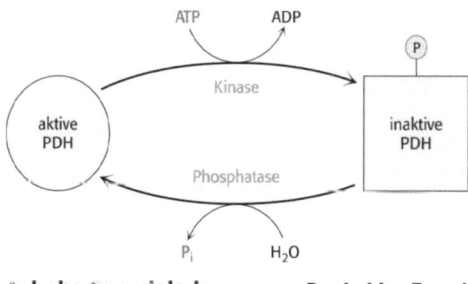

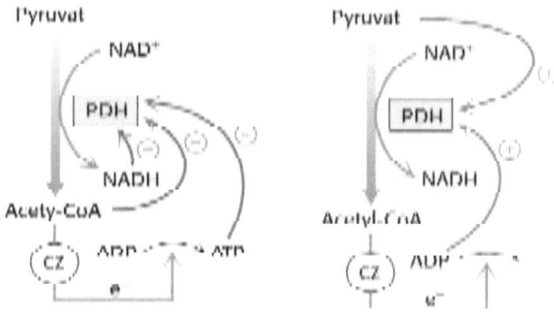

- *Reaktion (1 P)*
- *Regulation: (je 1 P, max 3 P)*
1. *Phosphatase dephosphoryliert; aktiviert PDH; Kinase phosphoryliert, inaktiviert PDH*
2. *allosterisch inhibiert durch ATP, NADH, Acetyl-CoA*
3. *allosterisch aktiviert durch AMP, ADP, NAD⁺, CoA*

3. Skizzieren Sie die mitochondriale Atmungskette und nennen Sie pro beteiligtem Enzymkomplex mindestens eine prosthetische Gruppe. *(4 P)*

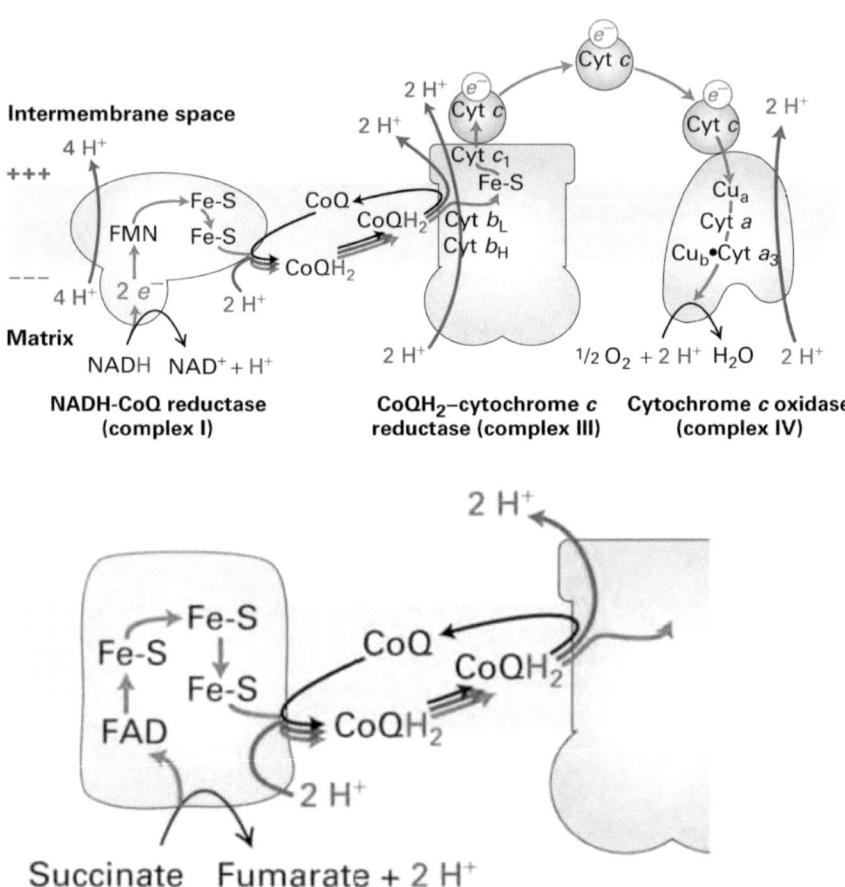

NADH-CoQ reductase (complex I)

CoQH$_2$–cytochrome c reductase (complex III)

Cytochrome c oxidase (complex IV)

Succinate-CoQ reductase (complex II)

- *je korrekte Reaktion 0.75 P (max 3 P)*
- *je korrekt zugeordnete prosthetische Gruppe 0.25 P (max 1 P)*

4. Wozu dient die zyklische Photophosphorylierung? Beschreiben Sie den Elektronenfluss entlang des Redoxpotentials der einzelnen Überträger.

- *Bei Überschuss von NADPH über NADP$^+$ kann reduziertes Ferridoxin nicht mehr oxidiert werden. Zyklische Photophosphorylierung erlaubt Etablierung eines Protonengradienten (über Cyt bf) und damit Synthese von ATP (1.5 P)*

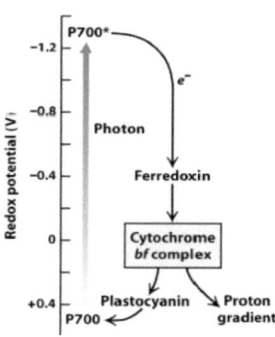

- *P700-P700*-Ferredoxin-Cyt bf-Plastocyanin (2.5 P)*

5. Erläutern Sie den Proteolysemechanismus von Serinproteasen und zeichnen Sie das katalytische Zentrum von Trypsin. *(4 P)*

- *Proteasen spalten Peptidbindungen in Proteinen, bei den Serinproteasen fungiert Serin als nukleophile Aminosäure im katalytischen Zentrum (0.5 P)*
- *Serin besitzt OH-Gruppe (Nukleophil) und attackiert das Carbonyl-C der Peptidbindung im Substrat; durch katalytische Triade entsteht stark nukleophiles Alkoxid-Ion (0.5 P)*
- *die Carboyxl-Gruppe eines Aspartats formt eine H-Brücke zum Histidin, wobei das Histidin-N noch elektronegativer wird, wodurch die Aufnahme des Serin-H erleichtert wird (0.5 P)*
- *ein Elektronenpaar des elektronegativen Histidin-N kann das Proton der Serin-OH-Gruppe akzeptieren; dabei entsteht das Alkoxid-Ion (0.5 P)*

Asp 102   His 57   Ser 195

(1 P)

6. Skizzieren Sie die Bildung von Carbamoylphosphat im Harnstoffzyklus (Strukturformeln).
In welchem intrazellulären Kompartiment findet die Reaktion statt?

Hydrogencarbonat   Carboxyphosphat   Carbaminsäure   Carbamoylphosphat

Aus: Berg/Tymoczko/Stryer, Biochemie, 6. Aufl., © 2007 Elsevier GmbH

- *je Teilreaktion 0.75 P (max 3 P)*
- *Reaktion findet in der mitochondrialen Matrix statt (1 P)*

7. Fettsäurebiosynthese: Skizzieren Sie den ersten Schritt der Kettenverlängerung
mittels Malonyl-ACP (Strukturformeln!). Wofür steht „ACP"? Um welchen
Reaktionstyp handelt es sich?

Reaktionstyp = Kondensation

ACP = Acyl-Carrier-Protein

Kondensation des Acetylrests an den Malonylrest unter **CO_2-Abspaltung** zu
Acetacetyl-ACP

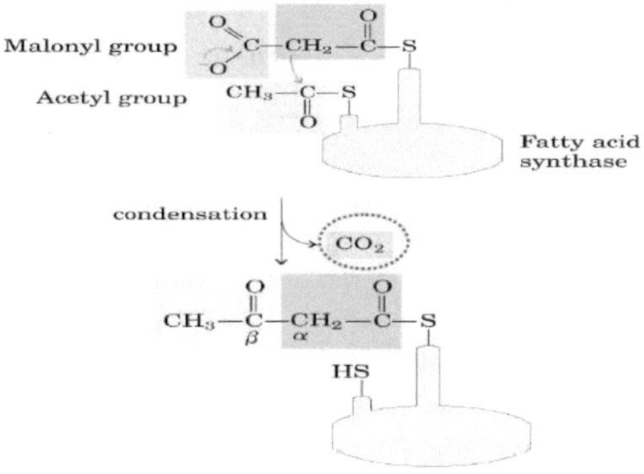

Malonyl group

Acetyl group

Fatty acid synthase

condensation

CO_2

HS

8. Skizzieren Sie die Herkunft der Kohlenstoff- und Stickstoffatome im Purinring (Edukte!). Skizzieren Sie den ersten, Transaminase-vermittelten Reaktionsschritt (Strukturformeln!) der Purinbiosynthese.

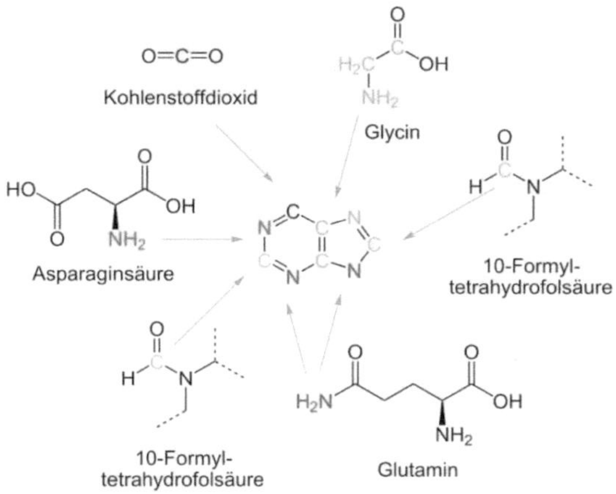

$O=C=O$

Kohlenstoffdioxid

Glycin

Asparaginsäure

10-Formyl-tetrahydrofolsäure

10-Formyl-tetrahydrofolsäure

Glutamin

Schritt 1 (Grundlagenreaktion für Purinsynthese): Ersatz des Pyrophosphats am PRPP durch eine Aminogruppe ergibt 5-Phosphoribosyl-1-amin

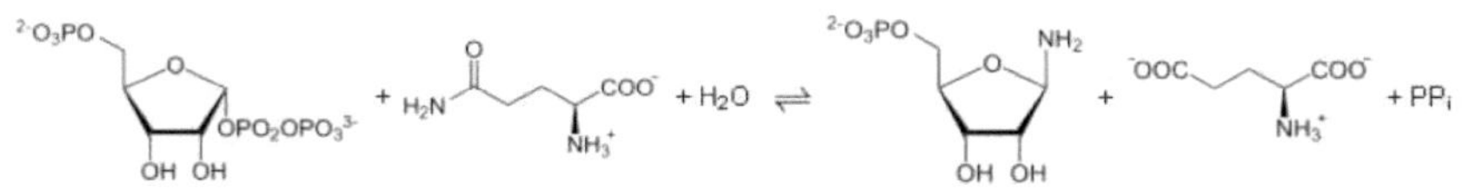

Zuständiges Enzym: Glutamin-Phosphoribosyl-Amidotransferase

7

9. Nennen Sie vier biologisch-aktive Substanzen, die von Cholesterin abgeleitet werden und zeichnen Sie Cholesterin. Geben Sie die Strukturformel eines Triglycerids sowie die Produkte der kompletten lipolytischen Spaltung an.

Derivate von Cholesterin: Steroidhormone (Testosteron, Estradiol, Progesteron, Cortisol), Gallensäuren (Cholsäure)

Ein Triglycerid wird von Lipasen zersetzt

Zersetzungsprodukte

ein vollständig gespaltenes
Triglycerid mit einem Glycerinmolekül
und drei freien Fettsäuren

10. Skizzieren Sie die pathobiochemischen Änderungen, die im Falle von Diabetes mellitus im Hinblick auf den Kohlenhydrat- und Fettstoffwechsel zu verzeichnen sind. Was sind Ketonkörper? Geben Sie zwei Beispiele an.

Metabolische Änderungen bei Diabetes mellitus im Überblick

Insulinsignaling gestört (unterfunktionell)

- Glucoseaufnahme   Hemmung (verminderter GLUT4- Einbau in die Plasmamembran (Insulin-abhängig)
- Gluconeogenese   Steigerung
- Glykolyse   gehemmt durch Absenken der Fructose-2.6-P_2-Konzentration (Leber)

→ Hyperglykämie, Glucose im Urin, Wasserverlust

- Lipolyse, Fettsäureabbau: exzessiv gesteigert mit hoher Acetyl-CoA-Konzentration
- Citratzyklus: Hemmung durch fehlendes Oxalacetat (Gluconeogenese!)
- Ketogenese: Steigerung durch Überangebot an Acetyl-CoA

→ Ketoazidose, Koma

Ketonkörper sind Verbindungen, die bei Kohlenhydratmangel in der Leber aus Acetyl-CoA gebildet werden, um die Glucoseversorgung vor allem des Gehirns zu gewährleisten. Unter Ketonkörpern fasst man Acetacetat, Aceton und β-Hydroxybutyrat zusammen. Ketonkörper stellen eine transportable Form des Acetyl-CoAs im Körper dar und können die Blut-Hirn-Schranke passieren.

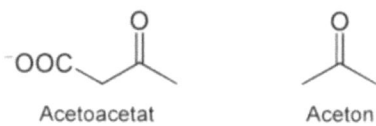

Acetoacetat   Aceton

11. Skizzieren Sie schematisch die Signaltransduktionskaskade, welche durch Bindung von Glukagon (bzw. analog Epinephrin) an dessen Rezeptor in der Leber ausgelöst wird und dort zum Abbau von Glykogen führt.

Beschreiben Sie mindestens zwei molekulare Mechanismen, durch welche die Signalwirkung terminiert wird.

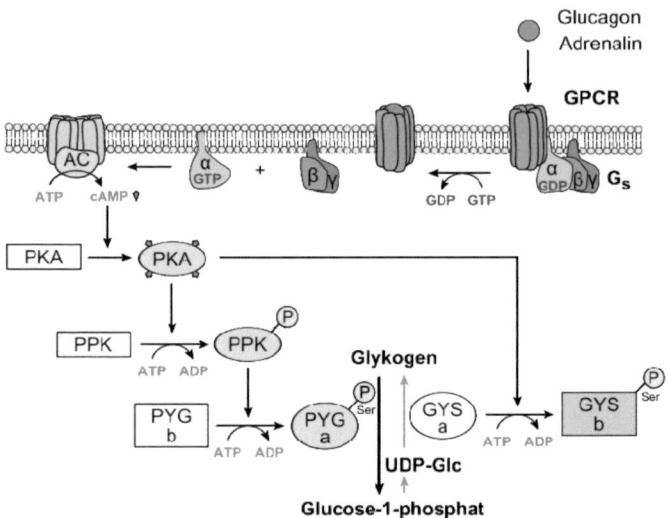

Terminationsmechanismen:

Phosphorylierung/Dephosphorylierung

GTP-Hydrolyse am G-Protein

Rezeptorinternalisierung

Spaltung des second messengers cAMP durch Phosphodiesterasen

12. Nennen Sie zwei Rezeptoren mit intrinsischer oder assoziierter Enzymaktivität. Beschreiben Sie Grundmechanismen der Aktivierung in Bezug auf die Rezeptorstruktur und die funktionellen Domänen.

Rezeptoren mit intrazellulärer Enzymaktivität

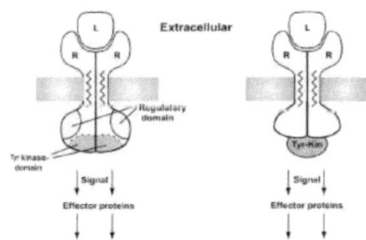

- Rezeptortyrosinkinasen
- Rezeptoren mit assoziierter Tyrosinkinase (JAK/STAT)
- Rezeptor-Serin/Threonin-Kinasen (Zytokinrezeptoren)

Beispiel Rezeptortyrosinkinase: EGF-Rezeptor, Insulin-Rezeptor

Beispiel assoziiertes Tyrosinkinase: Epo-Rezeptor, Leptin-Rezeptor

Ligandbindung bewirkt Dimerisierung

Transautophosphorylierung zur Generierung von Bindestellen für Adaptoren oder Effektoren (z.B. p-Tyr für SH2-Domänen Proteine wie Grb2, STAT, IRS1)

Weitergabe des Signals über den Adapter oder mittels Phosphorylierung von gebundenen Effektoren durch den aktivierten Rezeptor

Teil II: Multiple Choice (nur eine Antwort pro Frage ist richtig; je 2 Punkte)

1. Welche Aussage ist falsch? Glucose-6-phosphat...

A. kann im Pentosephosphatweg in Ribose-5-phosphat umgewandelt werden.

B. wird im Cytoplasma synthetisiert.

C. kann anaerob zu Lactat umgesetzt werden.

D. ist nach Isomerisierung ein geeignetes Substrat zum Glykogenaufbau.

E. ist ein wichtiger Phosphatgruppen Donor im Stoffwechsel der Aminosäuren.

2. Welche der nachstehend genannten, funktionellen Gruppen ist nicht Bestandteil des Coenzyms A?

A. Adenin

B. Cysteamin

C. Phosphat (verestert)

D. Desoxyribose

E. Pantothensäure

3. Bei der Umsetzung einer C2-Einheit (Acetyl-CoA) im Tricarbonsäurezyklus entstehen:

A. 2 CO_2, 3 NADH, 1 $FADH_2$, GTP, CoA

B. CoA, 2 CO_2, ATP, 1 NADH, 3 $FADH_2$

C. 2 NADH, 2 $FADH_2$, CO_2, 2 GTP

D. 3 NADH, 1 $FADH_2$, 2 CoA, 3 CO_2

E. 2 CO_2, 2 NADH, 1 $FADH_2$, GTP, 2 CoA

4. Welche der Aussagen ist richtig? Die mitochondriale ATP-Synthase...

A. synthetisiert ATP in den Intermembranraum.

B. besteht aus einer F0-Kugel und einem F1-Stiel.

C. besitzt einen Rotor bestehend aus dem c-Ring und dem αβ-Stiel.

D. benötigt den Protonengradienten nur zur ATP-Freisetzung.

E. enthält sechs aktive katalytische Untereinheiten

5. Welche Aussage bezüglich des Proteasoms ist falsch? Das Proteasom...

A. besteht im 20S-Teil aus α- und β-Untereinheiten.

B. besitzt einen katalytischen Aspartatrest.

C. spaltet polyubiquitinierte Proteine in 7 bis 9 AS-lange Peptide

D. enthält zwei 19S-Kappen

E. spielt eine wichtige Rolle im Zellzyklus & der Präsentation von Tumorantigenen

6. Die Aktivität des Pentosephosphatweges wird limitiert durch die Verfügbarkeit von:

A. NADP

B. NADPH

C. NAD

D. FADH

E. NADH

7. Welche der folgenden Antworten ist **richtig**?

NADPH wird gebraucht für...

A: Die Degradation von Fettsäuren

B: Die Cholesterinbiosynthese

C: Den Abbau von Aminosäuren

D: Die Oxidation von reduziertem Glutathion

E: Alle unter A-D genannten Reaktionen

8. Welche Aussage über Hormone ist **falsch**?

A: Peptidhormone werden aus Prohormonen durch proteolytische Spaltung hergestellt

B: Bei der endokrinen Signalgebung werden Hormone über das Blut transportiert

C: Über Gap junctions werden im Nervensytem und Myocard kleine Moleküle ausgetauscht

D: Adrenalin und Epinephrin zeigen entgegengesetzte Wirkung

E: Hormone werden von spezialisierten Zellen in Drüsen freigesetzt

9. Welche Aussage über Erkrankungen, die mit Enzymdefekten assoziiert sind, ist **falsch?**

A: Bei Phenylketonurie (Pk) wird verstärkt L-Tyrosin aus Phenylalanin gebildet
B: Die Erkrankung Pk beruht auf einer Dysfunktion der Phenylalaninhydroxylase
C: Bei Pk sind Myelinisierung und Neurotransmitterproduktion gestört
D: Bei BeriBeri führt Vitamin B1 Mangel zu Verlust von u.a. Pyruvatdehydrogenase
E: Bei dieser Hypovitaminose fehlt das biologisch aktive Thiaminpyrophosphat

10. Welche Aussage zu G-Proteinen ist **richtig?**

A: G-Proteine können ausschließlich stimulieren
B: Ein Austausch von GTP zu GDP stellt den aktiven Zustand her
C: Die abgespaltenen beta/gamma Untereinheiten können selber nicht aktivieren
D: Das kleine G-Protein ras kontrolliert das Zellwachstum und ist ein Onkogen
E: Choleratoxin hemmt durch ADP-Ribosylierung die Adenylatzyklase

11. Die Fettsäure-Biosynthese involviert aufeinander folgende...

A. Kondensation-Oxidation-Dehydration-Oxidation.
B. Oxidation-Hydration- Oxidation-Kondensation.
C. Reduktion-Kondensation-Reduktion-Hydration.
D. Reduktion-Dehydration-Reduktion-Hydrolyse.
E. Kondensation-Reduktion-Dehydration-Reduktion.

12. Welche der nachfolgend genannten Verbindungen können zur Biosynthese von Phosphatidsäure dienen?

A. Dihydroxyaceton-Phosphat
B. AcetylCoA
C. L-Glycerin-3-Phosphat
D. Lysophosphatidsäure
E. alle unter A-D genannten